EL ZAPUPE COMO ALTERNATIVA PARA FORMAR EMPRESAS SUSTENTABLES

División de Ingeniería Industrial

Autores:

Ing. Daniel Guzmán Pedraza.

M.I.I. Francisco Gerardo Ponce del Ángel.

M.I.I. Domingo Pérez Piña.

INSTITUTO TECNOLOGICO SUPERIOR DE TANTOYUCA

Copyrigth © Daniel Guzmán Pedraza, 2016.

All rigths reserved.

ISBN-13: 978-1546755661

ISBN-10: 1546755667

Primera edición

México, 2016.

Copyrigth © Daniel Guzmán Pedraza, 2016.

All rigths reserved.

ISBN-13: 978-1546755661

ISBN-10: 1546755667

Primera edición
México, 2016.

Agradecimientos:

Con agradecimiento a mi familia, alumnos, maestros, campesinos, artesanos y todos los compañeros de trabajo que laboran en el Instituto Tecnológico Superior de Tantoyuca que en forma compartida contribuyeron a la elaboración de este libro, reiterándole nuestros más sinceros agradecimientos.

Créditos:

Instituto Tecnológico Superior de Tantoyuca, Veracruz.

ÍNDICE

INTRODUCCIÓN

Capítulo 1. GENERALIDADES 13

    1.1   Antecedentes 13

    1.2   Problemática 16

    1.3   Caso de Estudio 16

    1.4   Justificación 17

    1.5   Objetivos 18

        1.5.1 Objetivo General 18

        1.5.2 Objetivo Especifico 18

    1.6   Hipótesis 19

    1.7   Alcances y Limitaciones 20

Capítulo 2. MARCO TEÓRICO 21

    2.1   Agave Angustifolia 21

    2.2   Tipos de Cultivo 22

    2.3   Entrevista 25

        2.3.1 Estructura de la Entrevista 25

    2.4   Muestreo 26

    2.5   Cadena de Suministro 29

2.6 Análisis FODA..34

Capítulo 3. METODOLOGIA Y APLICACION..36

3.1 Macrolocalización...36

3.2 Microlocalización..37

    3.2.1 Xilozuchil..38

    3.2.2 Laja Primera...38

    3.2.3 Tametate...38

3.3 Muestreo..40

3.4 Entrevista...40

3.5 Análisis de la Entrevista..41

3.6 Analizando la Cadena de Suministro..41

    3.6.1 El Ixtle en el Municipio de Tantoyuca Veracruz....................................41

    3.6.2 Tipología de Productores..43

    3.6.3 Características de la Planta del Ixtle...45

    3.6.4 Tipo de Cultivo...46

    3.6.5 Cuidados del Ixtle...48

    3.6.6 Trazado y Plantación del Ixtle..49

    3.6.7 Extracción de la Fibra...49

    3.6.8 Cadena de Suministro del Ixtle en el Municipio de Tantoyuca Veracruz..53

    3.6.9 Primer Eslabón: Producción en las Parcelas..53

    3.6.10 Modo de Transporte del Primer Eslabón..54

3.6.11 Segundo Eslabón: el Artesano 54

Capítulo 4. ANALISIS DE RESULTADOS Y CONCLUSIONES 57

CONCLUSIONES 59

Capítulo 5. REFERENCIAS BIBLIOGRÁFICAS 61

Capítulo 6. Anexos 63

   6.1   Entrevista 63

   6.2   Cronograma de Actividades 64

ÍNDICE DE TABLAS

N°	Contenido	Página
1	Muestra de Congregaciones y las Comunidades que más se Dedican a la Extracción del Ixtle.	17
2	Pasos Para Tomar un Muestreo.	26
3	Clasificación de los Tipos de Muestreó.	27
4	Muestra el Número de Familias que se Dedican a la Extracción del Zapupe.	39
5	Análisis FODA de la Producción y Manufactura.	¡Error! Marcador no definido.
6	Indica la Producción de Zapupe Extraído de una Hectárea Anualmente.	43
7	Muestra la Cantidad de Plantas y Hectáreas que son Utilizadas en la Producción de Zapupe.	44
8	Muestra el Pronóstico de Producción en el Municipio de Tantoyuca.	44
9	Características y Clasificación de los Tipos de Ixtle de Acuerdo a los Productores.	45
10	Medidas Utilizadas por los Productores.	50
11	Precio de la Fibra de Acuerdo a la Medida Local.	52
12	Cadena de Suministro del Ixtle en el Municipio de Tantoyuca Veracruz.	53
13	Se Muestra la Cantidad de Fibra que es Utilizada Anualmente para Cada Tipo de Artesanía.	55

ÍNDICE DE IMAGENES

N°	Contenido	página
1	Macrolocalización del Municipio de Tantoyuca. (Tantoyuca, 2011)	36
2	Microlocalización del Municipio de Tantoyuca y Sus Comunidades (Ostos, 2010)	37
3	Ixtle Chaparro o Amarillo (*Agave Angustifolia*)	44
4	Ixtle Común (*Agave Angustifolia*)	42
5	Henequén (*Agave Fourcroydes*)	42
6	Ixtle Cultivado Entre Plantas de Maíz y Palmas.	47
7	Ixtle Cultivado Entre los Matorrales.	47
8	Ixtle con Plaga.	48
9	Productor Recolectando las Hojas del Ixtle.	49
10	Muestra Como Preparan las Hojas (Rajar) Para la Extracción de la Fibra.	51
11	Productor Raspando el Ixtle Para Extraer la Fibra (Zapupe).	51
12	Muestra un Conjunto de 5 Pencas Antes de Ser Raspadas.	51
13	Muestra una de las Formas en Cómo se Seca el Zapupe.	51

ÍNDICE DE GRAFICAS

N°	Contenido	página
1	Muestra la Tendencia de la Demanda Proyectada Hasta el 2018.	45
2	Muestra el Porcentaje de Ixtle Cultivado de Acuerdo al Tipo de Planta.	46
3	Porcentaje de la Utilización de la Fibra, de las Hojas y de sus Propias Plantas.	52
4	Indica el Porcentaje de Zapupe Utilizado por Artesanía.	55
5	Muestra la Cantidad de Fibra Utilizada Semanalmente	56
6	Muestra la Cantidad de Fibra Utilizada por Año.	56

RESUMEN

En el Municipio de Tantoyuca, Veracruz, se caracteriza por tener como principales actividades el comercio la agricultura y la ganadería, en algunas comunidades se dedican a elaborar artesanías derivadas de la planta del ixtle como son morrales, abanicos, mecapales, entre otros.

Los productores de ixtle tienen muy poco conocimiento acerca de los cuidados de la planta (Ixtle), los tipos de plantas con las que cuentan en sus parcelas y aun mas no saber la relación de la cantidad de producto que puede ser extraído de las pencas de una planta, aunado a esto se encuentra que la demanda de los productos derivados del ixtle es muy baja y poco remunerada ya que su cliente final (los artesanos) aún no han encontrado tecnologías que faciliten y disminuyan los tiempos de elaboración de sus artesanías (morrales), esto trae como problemática que los productores obtén por realizar otras actividades del campo que son más rentables económicamente o buscar nuevas fuentes de ingreso empleándose en pequeños comercios ubicados en la cabecera municipal o su caso salen fura del estado.

Este libro se enfoca en investigar de conocer la forma en que los productores plantan el ixtle, como extraen el zapupe, el tipo de cuidado que le ofrecen a las plantaciones (ixtlares) y cómo controlan las plagas, además de conocer las características y propiedades del zapupe extraído de las pencas de ixtle, para esto se realiza un muestro intencional para delimitar las comunidades que más se dedican a la siembra y a la elaboración de artesanías echas a partir de las fibras de Ixtle.

Una vez identificadas las comunidades y las características de sus cultivos se procedió a su análisis y los resultados obtenidos nos brindaron un mejor conocimiento acerca de la capacidad de producción anual de zapupe, con la cual podemos resumir que los artesanos que elaboran productos hechos a base de la fibra de zapupe tienen que mejorar su producción ya que la producción de zapupe no se ve forzada a incrementar su producción.

INTRODUCCIÓN

México es un país megadiverso, patrimonio biocultural que permite a los productores campesinos adoptar y crear estrategias de mecanismos de supervivencia tales como la producción no especializada, basada en la diversidad de recursos y de prácticas productivas. La Huasteca Veracruzana está integrada por diferentes grupos étnicos como los nahuas, totonacas, huastecos, otomíes y tepehuas los cuales hacen uso de estrategias de uso múltiple de la naturaleza. Dentro de la Huasteca Veracruzana específicamente en el municipio de Tantoyuca, se encuentran comunidades donde se elaboran productos a partir de la fibra de ixtle (*Agave angustifolia*) como morrales, reatas y mecates los cuales contribuyen al ingreso económico de las familias productoras, estas prácticas de extracción del zapupe se han llevado por varios años dentro de las comunidades y sus enseñanzas se han ido pasando de generación en generación.

En esta investigación se analizarán los tipos de cultivo con los que cuentan los productores, los tipos de cuidado y como extraen la fibra (zapupe), así como también se determinara la capacidad de producción existente en el municipio.

También se estudian las prácticas de manejo de la planta. Esto comprende el conocimiento tradicional sobre las características de cada tipo de ixtle utilizado de acuerdo a los tipos de fibras obtenidos.

La explotación del ixtle se lleva a cabo en 3 congregaciones del municipio de Tantoyuca las cuales son: La Laja, Xilozuchil y Tametate, que de acuerdo a la investigación realizada estas son las comunidades que más se dedican a la producción y elaboración de artesanías dentro del municipio.

Capítulo 1. GENERALIDADES

1.1 Antecedentes

De acuerdo a la historia de ixtle en México la fibra extraída de la planta Achmea magdalenae conocida como ixtle o pita en México, es una hierba perenne de la familia de las bromeliáceas. Tiene hojas largas y espinosas que crecen hasta 3,5 m de longitud y se encuentra densamente, agrupada en grupos de plantas a veces de manera solitaria a largo de los arroyos en zonas pantanosas y laderas del bosque neo tropical lluvioso, desde México hasta Ecuador. La fibra larga y blanca extraída de sus hojas es fuerte, durable, resistente al agua salada, y se ha empleado en todo la región del trópico en una amplia gama de usos. En México, los grupos indígenas la utilizaban para hacer cuerdas de ixtle, redes de pesca, cañas de pescar, bolsas, abanicos, sandalias, hilo de coser y cuerdas para instrumentos musicales, especialmente las cuerdas que se usan en las jaranas famosas de los músicos de Veracruz. Los nahuas de Veracruz utilizaban esta fibra para hacer sus fajas tradicionales, así como para hacer ropa rústica. En el siglo XIX, la fibra de ixtle también fue utilizado para la fabricación de papel. La majagua o lo que quedaba de la hoja una vez que la fibra se ha eliminado, se trenza con el fin de hacer hamacas y esteras de tapetes. Las espinas de las hojas de ixtle fueron empleados como agujas y alfileres y el jugo de las hojas se utilizan como cáusticos para las heridas. El fruto del ixtle, que tiene un sabor similar a la piña, se consumió también. En México y Guatemala, una variedad de esta misma planta con franjas longitudinales de rojo, blanco y verde (Achmea Magdalenea var. Quadricolor MB Foster) se cultiva como planta ornamental. Dependiendo de la región y el grupo de indígenas, la fibra de ixtle se puede extraer ya sea por raspar las hojas con un hueso afilado dejando orear las hojas de la planta al clima del medio ambiente durante un período de alrededor de 20 días, o golpeando las hojas contra las rocas. En México en la región de la Chinantla de Oaxaca fue la sede principal de una industria floreciente de ixtle desde la época pre-colonial hasta el siglo XX. Los informes que datan de los años 1500 relatan que la fibra producida en el Bosque de la Chinantla fue valorada y comprada en ciudades tan distantes como Oaxaca y Veracruz. De hecho, algunos historiadores hacen referencia a la existencia de más de 1000 plantaciones en 1831 en una sola región de la región sur, algunos otros historiadores hacen exámenes de los informes iniciales de ixtle en la literatura y se encuentran informes de las descripciones de ixtle y se describe lo vibrante de la industria del ixtle en la región de la Chinantla en la década de 1930 que la mayoría de las fibras producidas se vendían a los comerciantes zapotecas. Estos comerciantes empleaban la fibra de ixtle para la coserla e injertarla pieles y cuero y lo vendían en los centros de las ciudades zapotecas. En otras partes de la Chinantla, la fibra se vendía y se utilizaba a nivel local hasta los años de 1970 donde seguía siendo la principal actividad económica de muchos Chinantencos de la zona de tierras bajas que producían y elaboraban redes de pesca con ixtle. Estos fueron vendidos a las comunidades de tierras altas, donde la fibra no se podía producir. La historia de la extracción comercial se ha desarrollado debido a la importancia del ixtle como de alta calidad, fibra resistente a la sal del agua marina esta cualidad no fue pasada por alto por los europeos quienes emplean tal fibra para hacer cuerdas y cabos de los barcos que cruzaban el Océano Atlántico. Durante la época colonial y hasta el siglo XX, se le conoce como " Pita Colonial" o "hierba de seda", como era conocido en Europa, se extrae en grandes cantidades de los bosques tropicales de tierras bajas a lo largo de la costa caribeña de América Latina, especialmente de Honduras Británica y Colombia, y se exportan a Europa. En México la industria de llegar a ser tan importante que a mediados de 1800 fue el producto de exportación más importante de Veracruz. Aunque los informes tanto de la Chinantla y de Veracruz indican que el cultivo había disminuido la cantidad de las hojas de producción para exportación, se extrajo entonces de poblaciones silvestres de la planta que abundaban en esas regiones. Los europeos descubrieron el potencial del ixtle como una resistente fibra industrial en el 1900 después de que algunos experimentos mostraron que la fibra tenía excepcional resistencia a la rotura, tenacidad y resistencia a la hidrólisis alcalina. Se pensó que sería una fibra premier de hilo fino para hacer sogas y cuerdas, así como para uso en elaboración de textiles. Durante la Primera Guerra Mundial, la fibra tenía fama de ser utilizada en la construcción de las alas de los aviones alemanes. La fama y producción de fibra de Ixtle creció tan abundantemente en América Latina, que en 1918, un sindicato de empresas Inglesas impuso el nombre comercial "Arghan" en la planta, en un intento de ocultar su identidad e introducirla en el mercado como una planta que daba una nueva fibra que sólo se podría producir en las colonias Inglesas. Tal sindicato consiguió de esta manera grandes concesiones de tierras por los gobiernos de la península de Malaca y posteriormente de Ceilán, pero las plantaciones de ambas regiones nunca pudieron producir fibra de la misma calidad que la que se produce en América Latina. En cualquier caso, en 1923 Los botánicos Norteamericanos descubrieron el engaño que en realidad lo que se vendía y comercializaba como "Arghan" era realmente ixtle comúnmente conocida como "Pita" en los territorios Americanos, y con el fracaso de las plantaciones se aceleró la búsqueda de opciones practicas con materiales sintéticos e inicia la introducción de fibras sintéticas a mediados del siglo XX, que redujo la demanda de fibra de ixtle. En los inicios de la década de 1970 los principales focos comerciales de ixtle es solo atribuido a una pequeña porción de locales comerciales que aún lo usaba para el bordado y elaboración de artículos de marroquinería y talabartería necesitando para tales fines la misma fibra pero más depurada en su lavado hasta alcanzar un blanqueado brillante aperlado-plateado que hacia resaltar los bordados de las pieles donde se injertaba depurando con esto la actividad del Arte Piteado que se empleaba en trabajos que desde la época colonial eran exportados por su belleza hacia Europa especialmente España y que después de los años 1940 es alta mente valorada entre la creciente comunidad Hispana en los Estados Unidos De Norteamérica. (Ticktin, 2000).

Esta tesis se realizó con base a todas las problemáticas que tienen los agricultores y artesanos del ixtle en el Municipio de Tantoyuca, Veracruz, los cuales van desde el cultivo de la planta, ya que no tienen la información y capacitación necesaria para su producción hasta la creación de herramientas sofisticadas que agilicen y faciliten la manufactura del producto, es por ello que surge el interés de identificar los problemas por los cuales los productores de ixtle no pueden tener un mejor aprovechamiento de sus cultivos, trayendo como consecuencia la ignorancia de no saber cuál es su capacidad para producir.

1.2 Problemática

De acuerdo a las entrevistas realizadas a los productores de zapupe de las comunidades de Tantoyuca que se dedican a la producción del ixtle, se detectó la siguiente problemática:

- ➢ Una de las principales actividades de los productores es la siembra de alimentos básico como maíz, chile, etc. Y ven como una actividad secundaria la siembra del ixtle.
- ➢ No tienen el conocimiento básico de técnicas de la siembra, cuidado y cosecha de la planta del ixtle.
- ➢ Poca demanda del producto zapupe derivado de la planta del ixtle.

1.3 Caso de Estudio

Se realizó la investigación en el Municipio de Tantoyuca, Veracruz, que se encuentra en la zona norte del estado y en la región de la huasteca alta, en la tabla No. 1 muestra las congregaciones y comunidades que más se dedican a la extracción de la fibra de Ixtle (zapupe) el cual tiene el aspecto de un pequeño maguey; y a la elaboración de artesanías del Ixtle con las cuales se elaboran morrales, lazos, bolsos, tortilleros, etc.

Tabla No. 1 Muestra de Congregaciones y las Comunidades que más se Dedican a la Extracción del Ixtle.

Congregación	No. de comunidades	Comunidades dedicadas a la siembra del Ixtle y producción de zapupe.	Selección de comunidades que más se dedican a esta actividad (caso de estudio)
Tametate	10	Tametate Ciruelar Terrero La Campana Lindero	Tametate Ciruelar Lindero
Xilozuchil	13	Xilozuchil La Mora Chiquero Ixtle Blanco Las Agujas Las Lajitas Potrero Primero Potrero Segundo El Mamey	Xilozuchil La Mora Chiquero Potrero Primero Potrero Segundo
La Laja (Laja primero)	11	Corral Viejo Rincón Laja Paso de Limón Cuchilla Chica La Peña Palma Solita	Corral Viejo La Peña Paso de Limón Cuchilla Chica

1.4 Justificación

México es un patrimonio biocultural en donde se encuentran diversos componentes que permiten a los productores campesinos adoptar un sinfín de mecanismos de supervivencia según (Toledo V. M., 1991). Generalmente los productores rurales crean estrategias en las cuales tienden a llevar a cabo una producción no especializada basada en el principio de la diversidad de recursos y prácticas productivas, una de éstas, conocida como estrategia de uso múltiple, en la cual se evita la especialización de los espacios naturales y de las actividades productivas con el fin de garantizar la supervivencia (Toledo & Barrera-Bassols, 2008).

También se estudiaran las prácticas de manejo de la especie del ixtle en el marco de la producción. Esto comprende el conocimiento tradicional sobre las características de cada tipo de planta utilizado de acuerdo a los tipos de fibras obtenidos y en un contexto más amplio incluye a las prácticas de manejo del ixtle como parte de la estrategia de uso múltiple utilizada por los productores.

Dentro del municipio de Tantoyuca, especialmente en sus comunidades la base de la supervivencia es el consumo del maíz, frijol, ixtle, chile, entre otros.

En algunas comunidades de Tantoyuca se elaboran diferentes artesanías a partir de fibras de ixtle los cuales continúan siendo importantes para la vida doméstica. Debido a esto surge el interés por determinar la capacidad de producción con la finalidad de que los artesanos tengan disponibilidad de zapupe, podemos diferenciar dos tipos de productores, los que se dedican única y exclusivamente a la siembra del ixtle, producción y venta del zapupe, y los otros se dedican a la siembra del ixtle, producción, manufactura y venta de artesanías que se tiene en la zona, y para esto solo nos enfocaremos en las comunidades que más se dediquen a la siembra del ixtle.

1.5 Objetivos

1.5.1 Objetivo General

Determinar la capacidad de producción de zapupe en el municipio de Tantoyuca Veracruz para garantizar el abastecimiento de materia prima a los productores de artesanías derivados del zapupe.

1.5.2 Objetivo Especifico

- Identificar las congregaciones que se dedican a la siembra del ixtle y producción de zapupe.
- Identificar las comunidades con más producción de zapupe.

- Determinar la cantidad de productores zapupe que hay en el municipio de Tantoyuca.
- Conocer el proceso de extracción de zapupe.
- Determinar la cantidad de zapupe promedio que se obtiene de una planta de ixtle.
- Determinar la cantidad de plantas de ixtle por hectárea.
- Estimar el número de hectáreas dedicadas a la producción de ixtle.
- Determinar la cantidad de zapupe producida por hectárea y por año.
- Determinar la cantidad de zapupe que se utiliza por año en la elaboración de artesanías.
- Determinar el porcentaje de zapupe que es utilizado en la elaboración de cada tipo de artesanía.

1.6 Hipótesis

H_i: Hipótesis de investigación

Con los información obtenida del desarrollo de la producción de zapupe se podrá garantiza el abasto de zapupe para la elaboración de artesanías en el Municipio de Tantoyuca.

H_0: Hipótesis opuesta

Con los resultados de este estudio no se obtendrán resultados favorables en el abasto de zapupe para la elaboración de artesanías en el Municipio de Tantoyuca.

1.7 Alcances y Limitaciones

Alcance

El estudio se realiza en las congregaciones de Xilozuchil, La Laja Primera y Tametate pertenecientes al municipio de Tantoyuca; Veracruz, cuantificando la producción promedio de zapupe e identificando las comunidades que tienen mayor impacto de producción.

Limitaciones

Que los productores de la planta del ixtle no brinden suficiente información para la realización del proyecto.

Capítulo 2.   MARCO TEÓRICO

2.1   Agave Angustifolia

Plantas cespitosas con radialmente abiertas; tallos de 20-60 (90) cm de largo; hojas maduras linear a lanceoladas, generalmente de 60 a 120 cm de largo por 3.5 a 10 cm de ancho, en cultivo más largas, rígidas, carnosas y fibrosas, ascendentes a horizontales, verde claro a verde grisáceo, planas a cóncavas hacia el ápice, convexas hacia la base, estrechas angostándose hacia la base, margen recto a ondulado algunas veces cartilaginoso; dientes pequeños de 2 a 5 mm de largo rara vez más largos, poco espaciadores entre sí, café rojizo a café oscura de bases estrechas y puntas curvas, espinal terminal de 1.5 a 3.5 cm de largo, cónica o subulada, café oscuro, gris con la edad, plana o acanalada hacia arriba; panícula de 3 a 5 m de largo, abierta algunas veces bulbífera, el péndulo más largo que la panícula, con brácteas triangulares estrechas, 10 a 20 ramas; flores verde amarillento de 50 a 65 mm de largo pronto marchitas; ovario pequeño de 20 a 30 mm de largo, angulado, cilíndrico, algunas veces estriado, adelgazándose hacia la base, estilo corto; tubo en forma de embudo a urceolado, de 8 a 16 mm; tépalo desiguales de 18 a 24 mm de largo por 3 a 5 mm de ancho, involutos rápidamente, al principio erectos ya secos reflejos, obtusos a redondeados; filamentos de 35 a 45 mm de largo, delgados, planos, insertos en la parte media del tubo, anteras amarilladas de 20 a 30 mm de largo, capsuladas anchamente ovoides de 3 a 5 cm de largo, café oscuro, leñosas, cortantemente estipitadas; semillas café opacas, grandes, de 9 a 12 mm de largo por 7 a 8 mm de ancho, con hilio hendido (GENTRY, 1982)

2.2 Tipos de Cultivo

Los estudios etbotánicos han revelado que en Mesoamérica existe un amplio espectro de formas de interacción entre hombres y plantas. Sin embargo, es posible distinguir dos formas principales de manejo: *in situ* y *ex situ*.

El manejo de *in situ* incluye interacciones que se llevan a cabo en los mismos espacios ocupados por las poblaciones de plantas arvenses y silvestres, a este nivel, los hombres pueden tomar productos de la naturaleza sin perturbaciones significativas, como en algunas formas de recolección, pero también pueden alterar consciente o inconscientemente la estructura fenotípica o genotípica de las poblaciones vegetales con el fin de mejorar sus cualidades utilitarias o para incrementar la cantidad de algunas especies deseables. Las principales formas de manejo *in situ* son:

Recolección: Consiste básicamente en tomar las plantas útiles o sus partes directamente de las poblaciones naturales. La mayor parte de las plantas útiles silvestres y arvenses reportadas en los estudios etbotánicos son recolectadas.

Tolerancia: Esta forma de manejo incluye prácticas dirigidas a mantener, dentro de ambientes creados a mantener, dentro ambientes creados por el hombre, las plantas útiles que existían antes de que los ambientes fueran transformados, Así, en las zonas rurales indígenas de México es muy común observar que durante los deshierbes de las milpas, la gente tolera diferentes especies de plantas arvenses comestibles anuales o quelites. Ejemplos de esta forma de manejo se pueden apreciar en los quintoniles (*Amaranthus hybridus*), las verdolagas (*Portulaca oleracea*) y los tomates verdes (*Physalis philadelphica*) en muchos sitios de México. En las Montañas de Guerrero se observa el mismo fenómeno en los alaches (*Anoda cristata*) y en los chipiles (*Crotalaria pumila*). Esta misma forma de manejo también se observa entre especies perennes. Por Ejemplo, en el Valle de Tehuacán y en la cuenca del río

Balsas es muy común que la gente tolere en las milpas mezquites (*Prosopis laevigata*); guamúchiles (*Pithecellobium dulce*) y guajes colorados (*Leucaena esculenta*) así como magueyes (*agave* ssp) y otras cactáceas comestibles.

Fomento o Inducción: Este tipo de manejo consiste en diferentes estrategias dirigidas a incrementar la densidad de población de plantas útiles en sus hábitats naturales. Incluye la siembra de semillas o la propagación intencional de estructuras vegetativas en los mismos lugares ocupados por la población de plantas silvestres o arvenses. Un ejemplo de estas formas de manejo es el que practican los mixtecos de la Montaña de Guerrero para aumentar la cantidad de palmas de la especie *Brahea dulcis*. Esta palma, que es un recurso muy importante para elaborar sombreros y petates que son comercializados por la gente, posee un sistema de reproducción vegetativa por medio de estolones que tienen la particularidad de ser resistentes al fuego. En algunas zonas que reúnen condiciones ambientales favorables para la palma, los mixtecos provocan incendios para eliminar deliberadamente arbustos, hiervas y plántulas de árboles, con el fin de eliminar competidores y favorecer el crecimiento de la palma. Un principio similar es empleado para fomentar el crecimiento de algunos pastos con el fin de incrementar la cantidad de forraje para el ganado.

En muchas partes de México, es común que los pueblos indígenas no solo toleren sino que incluso propaguen intencionalmente semillas de plantas arvenses deseables dentro de los campos de cultivo, con el fin de aumentar su densidad de población. Ejemplos de esta forma de manejo puede observarse en la Montaña de Guerrero con los tomates verdes, los quintoniles, los alaches y los chipiles. Los mixtecos inducen el aumento de la disponibilidad de estas plantas durante el temporal con fines de autoconsumo. Durante la temporada de secas, los campesinos que cuentan con terrenos de riego logran incluso comercializar sus productos debido a la escasez de estas plantas durante dicho periodo.

Protección: Esta forma de manejo consiste en cuidados especiales a plantas arvenses y silvestres que los campesinos realizan con el fin de asegurar y ampliar su producción. Estos cuidados incluyen la erradicación de competidores y la protección contra depredadores, fertilización, podas, protección contra heladas, etc. Robert Bye describió un ejemplo de esta forma de manejo entre los tarahumaras, quienes eliminaron competidores de unas cebollas silvestres en sus poblaciones naturales. En la Montaña de Guerrero también se observan ejemplos de esta forma de manejo con el guaje colorado, así como con los tomates verdes y los tomates de culebra, que son formas arvenses de jitomates (*Lycopersicon esculentum*). En el primer caso, los campesinos mixtecos realizaron podas de algunos árboles preferidos y ocasionalmente también los fumigan para protegerlos contra plagas de brúquidos. En el caso de los tomates verdes y jitomates arvenses, los mixtecos fertilizan, fumigan y protegen contra las heladas a estas plantas que juegan un papel muy importante en su dieta.

Por otro lado, el manejo *ex situ* incluye interacciones que se llevan a cabo por fuera de las poblaciones naturales, en hábitats creados y controlados por el hombre. Estas formas de manejo se usan comúnmente con plantas domésticas, aunque también con plantas silvestres y arvenses. Existen dos formas principales de manejo de *ex situ*:

Trasplante: consiste en el trasplante de individuos completos tomados de las poblaciones naturales. Ejemplo de esta forma de manejo se puede observar en la Montaña de Guerrero con el Maguey mezcalero (*agave cupreata*), y una guayaba silvestre conocida localmente como tlahuanca (*Psidium guajava*).

Siembra y plantación: esta forma de manejo incluye la propagación *ex situ* de estructuras reproductivas sexuales y vegetativas. Los guajes (*leucaena* spp), los aguacates y varias especies de frutales, tales como las guayabas, nanches (*Byrsonima crassifolia*), zapote blanco (*Casimiroa edulis*) y ciruelas (*Spondias mombin*) son algunos ejemplos de árboles silvestres propagados por semillas en los huertos mixtecos de la Montaña de Guerrero. Por otro lado las ciruelas, el chipandillo, los nopales, las pitayas (*Stenocereus* spp.), los colorines (*Erythrina* spp.) y los copales (*Bursera* ssp.), son ejemplos de árboles silvestres cuyas estructuras de reproducción vegetativas (tallos y ramas) son plantados con mucha frecuencia en huertos y otros sistemas agrícolas tanto en la cuenca del río Balsas como en el Valle de Tehuacán (Casas & Caballero, 1995).

2.3 Entrevista

Es un proceso de comunicación entre dos personas (entrevistador y entrevistado), supone una correspondencia mutua entre ambas partes, y consiste en palabras, gestos, posturas, y otros conectores. Cuyo objetivo es obtener información encaminada a tomar una decisión de reclutamiento y selección para la colocación benéfica, tanto para el entrevistador como para el candidato.

2.3.1 Estructura de la Entrevista

Es esencial un plan ordenado que guie el curso de la entrevista, así se podrá obtener información precisa y clara del entrevistado. La estructura de la entrevista consta de tres elementos:

RAPPORT. Es el primer contacto con el entrevistado y nuestro objetivo debe ser establecer un clima grato de confianza para el buscador de empleo. Este elemento se establece al inicio y se puede utilizar durante toda la entrevista.

DESARROLLO. En esta etapa de la entrevista, implica una gran capacidad de percepción por parte del entrevistador para registrar todas y cada una de las conductas y actitudes que emite el entrevistado. Se podría decir también que es la etapa donde se obtiene mayor cantidad de información. El objetivo es obtener información cualitativa más significativa, ya que se supone que en este momento existe el clima propicio de confianza, espontaneidad y seguridad. Esta etapa se caracteriza por una mayor participación por parte del entrevistado y una mínima intervención del entrevistador.

CIERRE. Toda entrevista debe concluir con amabilidad y sin prisas, incluso cuando se considere que el candidato no es el idóneo para colocarlo dentro de una institución o empresa. (Manual de Entrevista por competencias SNEGRO, 2008).

2.4 Muestreo

Es un subconjunto de elementos de determinada población. Por lo general, se toma una muestra de la población con objeto de observar sus cualidades y tomar algunas decisiones estadísticas acerca de las características correspondientes de toda la población (Kenett & Zancks, 2000).

Como Tomar un Muestreo

Para tomar un muestreo se requiere seguir ciertos pasos (Tabla No. 2). Es necesario definir primero la población en estudio, las causas que van a estudiar, además de especificar que unidades de la población hay que excluir; es decir fijar un mínimo de límite geográfico y de periodo.

Tabla No. 2 Pasos para Tomar un Muestreo.

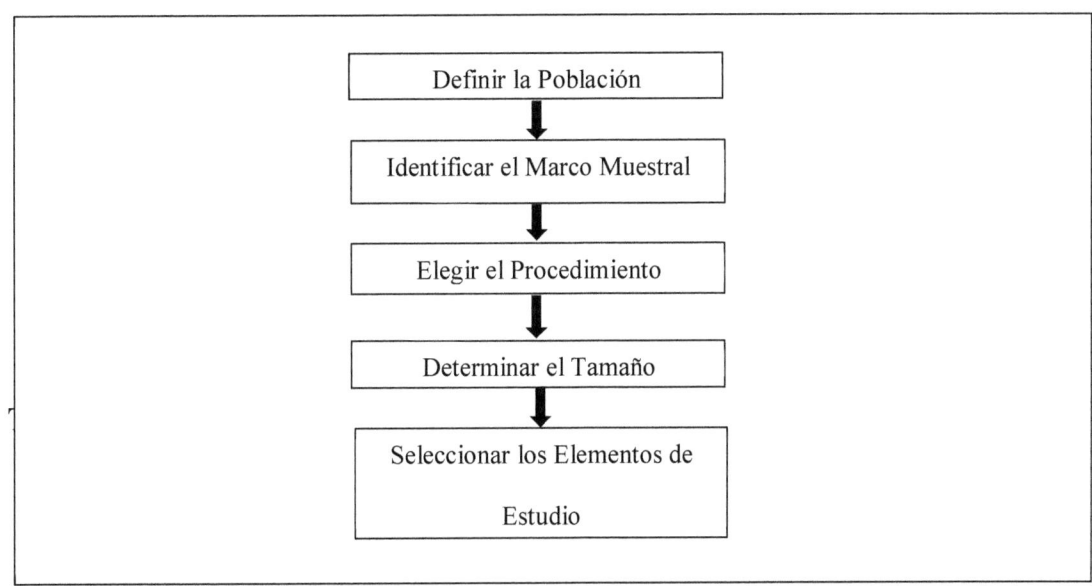

En la tabla No. 3 se muestran las técnicas de cómo tomar un muestreo las cuales se pueden dividir en dos tipos generales: probabilístico y muestreo determinístico.

Tabla No. 3 Clasificación de los Tipos de Muestreó.

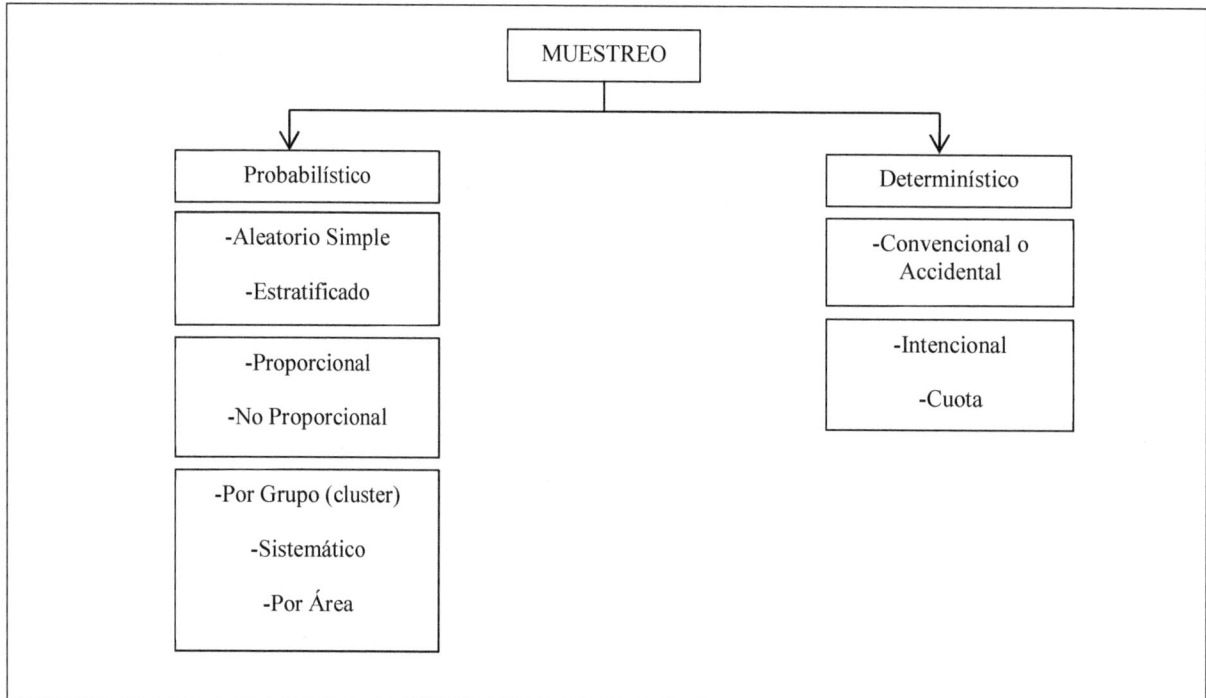

Muestreo Determinístico: El muestreo determinístico implica un juicio personal, algunas veces el de investigador, y otras el de recopilador de datos.

Muestreo Convencional o Accidental: Se refiere a recopilar datos de los sujetos de estudio más convenientes, o sea, recopilar datos de los elementos muéstrales de la población que más convengan.

MUESTREO INTENCIONAL

En el muestreo intencional todos los elementos muéstrales de la población serán seleccionados bajo estricto juicio personal del investigador. En este tipo de muestreo el investigador tiene conocimiento de los elementos poblacionales.

Aunque este muestreo es subjetivo, requiere que el investigador conozca los elementos muéstrales, lo que permite que el muestreo sea representativo.

Muestreo por Cuota: Se utilizan los datos de los estratos de la población, sexo, raza, religión u otros, para seleccionar miembros de la población que sean representativos, típicos o adecuados para algunos fines de la investigación.

Muestreo Probabilístico: es un muestreo en el cual todos los elementos de la población tienen posibilidad de ser seleccionado. Se debe mencionar que no es necesario que la población sea igual, porque se puede especificar la posibilidad de seleccionar algunos elementos de la población y estimar que un elemento de la población sea seleccionado.

Muestreo Aleatorio Simple: es una técnica de muestreo que selecciona elementos poblacionales de manera tal que cada combinación de los elementos poblacionales de un muestreo de tamaño n tiene la misma oportunidad de seleccionarse.

Muestreo Estratificado: técnica de muestreo probabilístico en la que se divide la población en estudio con base en alguna(s) variable(s) en diferentes grupos o clases y después se toma el muestreo de cada grupo.

La población en estudio se segmenta para tomar el muestreo debido a 3 razones:

a) Aumentar el grado de precisión muestral y de eficiencia.
b) Proporcionar datos adecuados para analizar varios segmentos.
c) Permitir aplicar diferentes procedimientos.

Muestreo Sistemático: técnica de muestreo probabilístico en la que se seleccionan las unidades de estudio después de seleccionar la primera unidad del estudio.

Muestreo por Grupos: es una técnica en el cual se divide la población se divide en grupos y después se selecciona aleatoriamente para su estudio.

El muestreo por grupos tiene poca eficiencia estadística en comparación con otras técnicas de muestreo probabilístico, principalmente porque los grupos tienden a su homogeneidad, o sea que varios grupos pueden estar individuos con el mismo estrato social, nivel económico, empleo, etcétera. Mientras que la eficiencia estadística puede ser más baja, a menudo la eficiencia económica es suficientemente grande para compensar esa "debilidad", lo que indica que existe un balance de eficiencia neta.

Muestreo por Área: es una típica de muestreo por grupo. Muchas investigaciones indican que las poblaciones se pueden identificar como áreas geográficas. El método "por área" se ha aplicado a poblaciones nacionales o regionales que tienen características físicas, políticas o naturales similares.

2.5 Cadena de Suministro

Una cadena de suministro consiste de todas las partes involucradas directa o indirectamente en satisfacer a un cliente. Esto implica incluir a transportistas, almacenes, intermediarios y a los clientes. Algunas etapas de la Cadena de Suministro son: Clientes, Minoristas, Distribuidores, Manufactureros, Proveedores de materia prima. El objetivo de la cadena de suministro es maximizar el valor global generado.

Las decisiones relacionadas a la cadena de suministro caen dentro de tres fases: Diseño de la estrategia de la Cadena de Suministro, Planeación de la Cadena de Suministro, Operación de la Cadena de Suministro. Dos formas de ver la cadena de suministro es por ciclos o por Empujar/Jalar. Si se ve por ciclos existe el ciclo del cliente, el del minorista, el del distribuidor, el del manufacturero y el del proveedor. Si se ve por Empujar/Jalar, los procesos en la cadena de suministro se dividen en dos: aquellos que funcionan con la lógica de empujar y aquellos que funcionan con la lógica de jalar. Los procesos dentro de la cadena de suministro se pueden clasificar en tres Macro procesos: Administración de la Relación con el Cliente, Administración Interna de la Cadena de Suministro, Administración de las Relaciones con los Proveedores.

Es importante comprender la conexión entre el diseño de la cadena de suministro y los flujos de ésta (productos, información, efectivo) para que la cadena pueda tener éxito. Algunas cadenas de suministro exitosas son: Gateway (innovando en vender computadoras a través de Internet), 7-Eleven (una de las cadenas de conveniencia más grandes del mundo), Toyota (líder mundial en venta de automóviles), Amazon.com.

Desempeño de la Cadena de Suministro: Alcanzando una Visión Estratégica

La estrategia competitiva de una empresa define aquellas necesidades del cliente que busca satisfacer. La Cadena de Valor en una compañía comprende las siguientes fases: Desarrollo de Nuevos Productos, Mercadotecnia y Ventas, Operaciones, Distribución, Servicio al Cliente. Esta cadena de valor permite que se den las ventas. Para esto, se necesita el apoyo de Finanzas, Contabilidad, Tecnologías de la Información y Recursos Humanos.

Para que una compañía sea exitosa, su estrategia de cadena de suministro y su estrategia competitiva deben ser congruentes, es decir, ambas deben buscar el mismo objetivo. Ambas estrategias deben estar dentro de una Estrategia Global Coordinada y todos los procesos de la compañía deben estar estructurados para poder ejecutar las estrategias de manera exitosa. Para alcanzar esta condición estratégica se requieren de tres pasos: Entender al cliente y la incertidumbre dentro de la cadena de suministro, entender las capacidades de la cadena de suministro, alcanzar la condición estratégica. Para entender al cliente y la incertidumbre dentro de la cadena de suministro, se debe considerar la cantidad de producto necesario para cada lote, el tiempo de respuesta que tolera el cliente, la variedad de productos necesaria, el nivel de servicio requerido, el precio del producto, la velocidad de innovación en el producto todo esto considerando una demanda que puede ser conocida o incierta. Para entender la cadena de suministro, hay que considerar el nivel de respuesta de la cadena, es decir, hay que buscar el costo más bajo para un nivel de respuesta de la cadena. Para alcanzar la condición estratégica hay que integrar el nivel de respuesta de la cadena de suministro con el tipo de demanda para tener una estrategia congruente que satisfaga ambos criterios. De esta manera, una demanda conocida va asociada a una cadena de suministro eficiente mientras que una demanda incierta va asociada con una cadena de suministro con un alto nivel de respuesta. Es importante entender que no hay cadenas de suministro correctas que no consideren la estrategia competitiva de la empresa y que existe una cadena de suministro adecuada para cada estrategia competitiva de la empresa.

Otras situaciones que pueden afectar a la cadena de suministro son: productos múltiples y segmentos de clientes, el ciclo de vida de los productos, cambios de la competencia con el tiempo, cambios en la demanda con el tiempo. Poco a poco se debe ir expandiendo la visión estratégica: primero se minimizan los costos al interior de la empresa, luego se maximizan las utilidades dentro de la empresa y poco a poco se van integrando a proveedores y a clientes en la cadena de suministro maximizando el valor y minimizando los costos para todos. El relacionarse con proveedores y clientes le da agilidad a la cadena de suministro lo cual es importante en un ambiente de competencia cada vez más dinámico.

Transportación en la Cadena de Suministro

La transportación se refiere al movimiento de un producto de una etapa a otra. La transportación es importante pues conecta las diferentes etapas de la cadena de suministro. Las dos partes principales en la transportación son el vendedor que desea enviar el producto de un lado a otro y el servicio de paquetería que mueve físicamente al producto. Algunos factores que afectan las decisiones de selección de un servicio de mensajería/paquetería son: los costos relacionados al vehículo que transporta los productos, los costos fijos de operación, los costos relacionados al viaje, los costos relacionados a la cantidad de productos, otros costos. Algunos factores que afectan a los vendedores son: los costos de transportación, los costos de inventarios, los costos de instalaciones (o facilidades) los costos de procesamiento, los costos relacionados con el nivel de servicio. Se debe buscar un balance entre todos los factores.

Algunas modalidades de transporte pueden ser por aire, por paquetería (FedEx, UPS o servicio postal), camión, tren, agua, tubería, intermodal (combinación de diferentes maneras de transportación. Cada tipo de transportación tiene sus ventajas y desventajas. Por ejemplo: por aire se tienen los precios más caros pero es el más rápido o por agua suele ser barato pero difícil pues se necesita infraestructura hidráulica.

Algunas opciones para establecer una red de transportación son: establecer una red de envíos directos, establecer una red de envíos directos con rutas de lechero. La diferencia entre estas dos opciones es que se realizan varios envíos de la fábrica a los clientes mientras que con el milk run se abastecen varios clientes en un solo envío pues se va visitando cliente por cliente para ver cuál es su nivel de inventario. Otra opción es utilizar un centro de distribución donde el envío del fabricante se realiza al centro de distribución y del centro de distribución a los clientes. Los costos de transportación se reducen en este caso pues en lugar de que cada transportista envíe productos a cada cliente, los envíos de fabricantes se hacen a un solo lugar y los clientes reciben de un solo lugar. Cuando se opera un centro de distribución también se pueden usar las rutas de lechero. Finalmente, también se pueden combinar todas estas opciones para buscar aquella que más convenga a la compañía.

Al tomar decisiones relacionadas con transportación, hay que buscar el balance entre inventario y costos de transportación y los costos de transportación y el tiempo de respuesta al cliente. Al tomar decisiones del modo de transportación, no hay que escoger siempre el más barato, sino que hay que analizar cuál es el que más conviene para la situación que se está manejando. Una forma de reducir el inventario de seguridad es agrupar inventarios pero esto incrementa los costos de transportación. Finalmente, para tener un mayor nivel de respuesta al cliente se puede requerir un mayor costo de transportación. Los modelos de transportación propuestos se pueden modificar de acuerdo a la densidad de clientes y distancia entre clientes y fabricantes, el tamaño de un cliente, y el valor de los productos. Así, varios clientes cercanos pudieran ser atendidos mejor con un centro de distribución mientras que un cliente grande quizás convenga ser atendido mediante envíos directos.

Como en los modelos de inventarios, existen modelos de programación lineal que minimizan los costos de transportación definiendo las rutas óptimas. Este método permite optimizar las rutas aumentando las utilidades. Al tomar decisiones relacionadas con la transportación, hay que alinear la estrategia de transportación con la estrategia competitiva, considerar la transportación interna y externa, diseñar una red que pueda manejar comercio en línea, usar tecnología para mejorar el desempeño del transporte y diseñar una red de transporte flexible.

2.6 Análisis FODA

El análisis FODA es una de las herramientas esenciales que provee de los insumos necesarios al proceso de planeación estratégica. Proporciona la información necesaria para la implantación de acciones y medidas correctivas y la generación de nuevos proyectos de mejora.

Objetivos del Análisis FODA

- Conocer la realidad de la situación actual
- Visualizar panoramas del entorno de la organización
- Visualizar la determinación de políticas para atacar debilidades y convertirlas en oportunidades.

Variables:

Fortalezas:

Son las capacidades especiales con las que cuenta la organización y gracias a las cuales tiene una posición privilegiada frente a la competencia.

Oportunidades:

Son aquellos factores que resultan positivos, favorables, explotables, que se deben descubrir en el entorno en el que actúa la organización y que permiten obtener ventajas competitivas.

Debilidades:

Son aquellos factores que provocan una posición desfavorable frente a la competencia. Está asociado con los recursos de los se carece, con las habilidades que no se poseen, actividades que no se desarrollan positivamente.

Amenazas:

Son aquellas situaciones que provienen del entorno y que pueden llegar a atentar incluso contra la permanencia de la organización.

Capítulo 3.   METODOLOGIA Y APLICACION

3.1   Macrolocalización

Tantoyuca es una ciudad del estado de Veracruz. Que se localiza en la región de la Huasteca Alta. Sirve como cabecera municipal del municipio de Tantoyuca. Conocida como La Perla de las Huastecas. Cuenta con una población de 30,587 habitantes, geográficamente se encuentra entre los parámetros 21° 21` de latitud norte y 98° 14` de latitud oeste, a una altitud de 139 metros sobre el nivel del mar.

La imagen No. 1 muestra lo que es la Macrolocalización del estado de Veracruz conformado por 212 municipios, en el punto marcado específica el municipio de Tantoyuca.

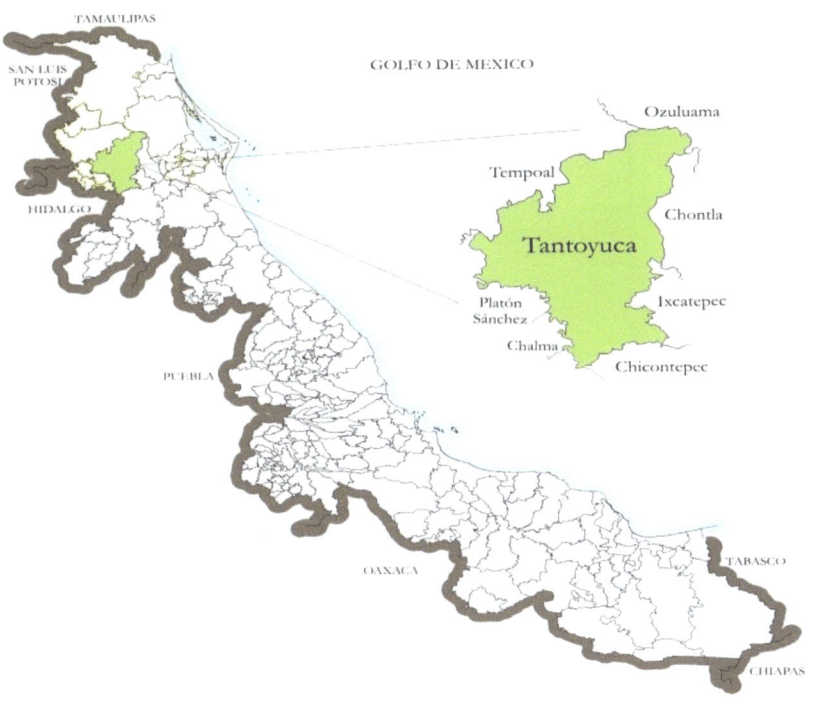

Imagen No. 1 Macrolocalización del Municipio de Tantoyuca. (Tantoyuca, 2011)

3.2 Microlocalización

En la imagen No. 2 se muestra el municipio de Tantoyuca y sus comunidades, Las comunidades marcadas son las que más se dedican a la siembra del ixtle y la elaboración de artesanías de zapupe.

Localidades que se dedican a la producción del ixtle:

★ Congregación laja 1ª
★ Xilozuchil
★ Tametate

Imagen No. 2 Microlocalización del Municipio de Tantoyuca y sus Comunidades **(Ostos, 2010)**

3.2.1 Xilozuchil

Su nombre significa Tejido Fino y la otra acepción: Flor de Mocoque.- Se le considera desde épocas anteriores como la Congregación que ha obtenido mayor cultura, sus habitantes son indígenas católicos y evangélicos ha sido cuna de hombres con mayor preparación. En esta Congregación tiene una población aproximada de 4000 habitantes repartidos en trece rancherías: Xilozuchil, Chiquero, Las Agujas, Las Lajitas, Tanzaquil, Ixtle Blanco, Mecapala, Potrero Primero, Potrero Segundo, La Mora, la Florida, Cuesta de Toro y Mamey.

Sus pobladores se dedican a la agricultura, cría de ganado doméstico, manufactura de morrales, billeteras, bolsas, monederos, etc. de tela de zapupe fina.

3.2.2 Laja Primera

Está situada en los límites con el Municipio de Tempoal, la atraviesa de Sur a Norte la Carretera Potrero-Canoas, está integrada por las rancherías: La Peña, Cuchilla Grande, Monte Grande, Palma Solita, Rincón, Corral Vieja, Paso de Limón, cuchilla Chica, Huizache, Ixtlar, Tierra Colorada. Con una población huasteca ténck de religión católica en su mayoría, dedicada a la agricultura, ganadería, comercio y manufactura de morrales, reatilla, lazaderas y piloncillo de caña de azúcar, por existir cañaverales pequeños; en ella se encuentran algunas propiedades particulares. (OSTOS, 2010).

3.2.3 Tametate

Su nombre tiene dos acepciones: Lugar del hierro, Lugar del Viejo y una tercera acepción Tem o Tam = Lugar de y Metatl = Metate por la forma del cerro, especie de metate.

Es una congregación que limita por la parte sur, con la cabecera municipal, parte de ella, originalmente perteneció a la familia de apellidos Flores, de donde se derivó el nombre de

Hacienda Las Flores, una fracción perteneciente al Municipio de Platón Sánchez y el resto al de Tantoyuca; pero su Propietario mayoritario fue el español Don Trinidad Herrera.

La Congregación de Tametate actualmente está integrada por 10 rancherías o comunidades donde viven más de 4000 habitantes.-Las principales rancherías son: Tametate, La Morita, El Lindero, Tampatel, Tierra Blanca, Lo Naranjos, Terrero, La Campana, Tepatlan Chico y Ciruelar; en su territorio se encuentran algunos ranchos ganaderos, y es atravesado por la carretera que une a las poblaciones del Norte de Veracruz con Tamaulipas, la llamada Alazán-Canoas.

Se dedican a la agricultura en poca escala y a las artesanías derivadas de la madera como la carpintería y la confección de ropa masculina como lo es la llamada sastrería.

En una forma más detallada en la tabla No. 4 se mencionan las comunidades que se dedican a la plantación y el número de productores que hay en cada comunidad del municipio de Tantoyuca:

Tabla No. 4 Muestra el Número de Familias que se Dedican a la Extracción del Zapupe.

Congregación	Comunidades	Productores de zapupe
Tametate	Tametate	15
	Ciruelar	10
	Lindero	20
Xilozuchil	Xilozuchil	120
	La Mora	50
	Chiquero	30
	Potrero Primero	32
	Potrero Segundo	83
La Laja (Laja Primera)	Corral Viejo	160
	La Peña	115
	Paso de Limón	20
	Cuchilla Chica	20
	Total	675

3.3 Muestreo

Las congregaciones que se les aplico el muestreo intencional fueron tres, son Xilozuchil, Tametate, la Laja, solo que las primeras dos siembran pero en menor escala, se dedican más a la manufactura del producto y su siembra va de acuerdo a su consumo. Siendo la congregación de la Laja la es el más se dedica a la producción de la planta. Se les aplico un muestreo intencional donde se escogió a un miembro como informante.

3.4 Entrevista

Para este estudio se aplicaron entrevistas formales (Anexo 1), con el objetivo de obtener datos cuantitativos y de modo sistemático esto se llevó a cabo mediante familias ya que todos laboran en el procesamiento del ixtle. La entrevista se aplicó por congregaciones que se dedican a la plantación del ixtle, dicha entrevista incluye los aspectos siguientes:

Características de la planta: se preguntó cuántos especímenes conocen y en que se basan para diferenciarlos.

Prácticas de manejo de la planta: se preguntó cuáles son los cuidados que los agricultores emplean a las plantas de ixtle.

Extracción de la fibra: se preguntó cuáles son las técnicas que emplean para la obtención del zapupe.

Venta: por último se preguntó en que épocas del año se tiene mayor venta, esto es para saber si se tiene una venta estable o dependiente.

3.5 Análisis de la Entrevista

Este se llevó a cabo mediante la recopilación de toda la información que se obtuvo por medio de las entrevistas y la observación de campo. Con los datos que se obtuvieron de las entrevista se realizaron gráficas, esto junto con la información obtenida de las observaciones de campo, nos brindó un amplio panorama sobre la capacidad, el uso y el manejo de la producción del ixtle.

3.6 Analizando la Cadena de Suministro

3.6.1 El Ixtle en el Municipio de Tantoyuca Veracruz

Debido a la inexistencia de documentos sobre las especies de ixtle utilizados en Tantoyuca; Veracruz y a que los productores identifican distintos tipos de especies era importante identificar cuantas especies se están utilizando en el municipio. Se identifica que se trata de una especie de agave, la cual corresponde a *Agave zapupe Trel.*, ahora conocido como: *Agave angustifolia Haw*. Perteneciente a la familia de Agaveceae. Al *Agave angustifolia* (Anexo 2) se le define como complejo, debido a la gran variación que presentan los individuos de esta, este agave pertenece al grupo *Rigidae*. Este grupo es caracterizado y reconocido por presentar hojas angostas, comúnmente rígidas, desplegadas de una espiral radiado, las flores generalmente de color verde a amarillento pálido y los frutos se presentan en forma de capsulas ovoides conteniendo semillas grandes. Muchos taxones de este grupo poseen importancia económica debido a su producción de excelentes fibras y licores (GENTRY, 1982).

Los productores reconocen tres tipos de ixtle, en la figura No.3 se muestra el Ixtle chaparro o amarillo, Figura No. 4 Ixtle Común y figura No. 5 muestra el Henequén, los cuales aunque morfológicamente son distintos pertenecen a una misma especie. Como se cita en la página número 21 *Agave angustifolia*, logra gran variación y por lo tanto se le define como complejo.

Imagen No. 4 Ixtle Chaparro o Amarillo (*Agave angustifolia*)

Imagen No. 3 Ixtle Común (*Agave angustifolia*)

Imagen No. 5 Henequén.

3.6.2 Tipología de Productores

Considerando la superficie en explotación del ixtle en el municipio de Tantoyuca se pueden distinguir dos tipos de productores.

- Productores Grandes
- Productores pequeños

Productores grandes: cuentan con una superficie promedio de una hectárea de cultivo, se ubica principalmente en la congregación de la laja, con una producción anual como se menciona en la tabla No. 5 a continuación:

Tabla No. 5 Indica la Producción de Zapupe Extraído de una Hectárea Anualmente.

Producción			
Cantidad de Zapupe Extraído de una Hectárea		Anual	
Pencas	Kilogramos	Pencas	Kilogramos
24750 pencas	928.125 kg.	99,000 pencas	3712.5 kg.

Productores pequeños: cuentan con parcelas pequeñas, con una producción que va de los 112.5 kg a 562.5 kg producidos por año, que se localizan en las congregaciones de Tametate y Xilozuchil.

En la tabla No. 6 se muestra la relación entre el número de plantas y hectáreas que son destinadas a la producción de zapupe por congregaciones tomando en cuenta que por cada hectárea se plantan 1,650 plantas de Ixtle.

Tabla No. 6 Muestra la Cantidad de Plantas y Hectáreas que son Utilizadas en la Producción de Zapupe.

Congregaciones	Número de Plantas	Numero de Hectárea ($10,000m^2$) Dedicadas a la Producción de Zapupe.
Tametate	5625 plantas	3.40 ha.
Xilozuchil	477250 plantas	28.63 ha.
La Laja (Laja Primera)	157500 plantas	95.45 ha.

En la tabla No. 7 se hace un pronóstico de la producción general de zapupe y en la Grafica No. 1 se muestra la tendencia de la demanda en el Municipio de Tantoyuca que comprenden los periodos del 2015 al 2018 en la cual se observa que se podrá seguir abasteciendo la producción de artesanías en los próximos 3 años.

Tabla No. 7 Muestra el Pronóstico de Producción en el Municipio de Tantoyuca.

AÑO	Producción en Pencas.	Producción en Kg.
2013	169997, pencas	6,374.8875 kg
2014	168,853 pencas	6,331.9875 kg
2015	170,767 pencas	6,403.7625 kg
2016	170,642.33 pencas	6,399.0873 kg
2017	171,027.33 pencas	6,413.5248 kg
2018	171,412.33 pencas	6,427.9623 kg.

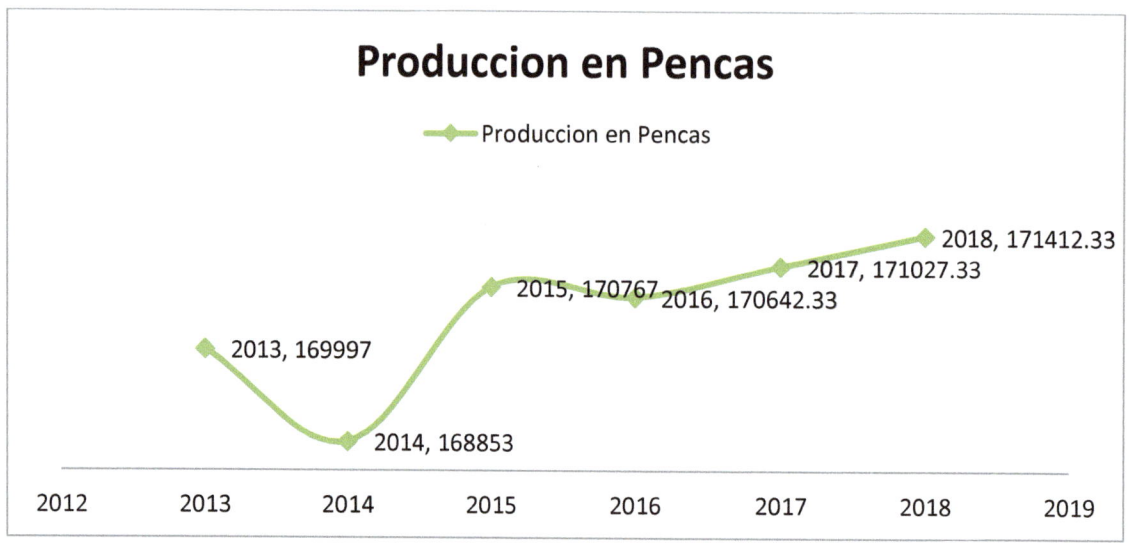

Graficas No. 1 Muestra la Tendencia de la Demanda Proyectada Hasta el 2018.

3.6.3 Características de la Planta del Ixtle

Se reconocieron dos tipos de especies (tabla No. 9), ixtle común (verde) e ixtle chaparro o amarillo y la manera en que los productores diferencian estos tipos de acuerdo a la forma y el color de la hoja.

Tabla No. 5 Características y Clasificación de los Tipos de Ixtle de Acuerdo a los Productores.

Nombre	Común	Amarillo o Chaparro
Forma de la hoja	Hojas de menos de 9 cm de ancho que llegan a medir de 160cm a 200cm de largo.	Hojas de hasta 9 cm de ancho y entre 90cm a 120 cm de largo.
Color de la hoja	Aspecto muy parecido al amarillo, de color verde-amarilloso	Verde amarilloso
Tipo de fibra (zapupe) resistencia	Fibra (zapupe) larga, tostadita, quebradizas en las puntas.	Fibra (zapupe) gruesa, arenosa, quebradiza se revienta fácilmente a la exposición de calor

*Esta Tabla Fue Realizada con el Estudio que se le Realizo a los Productores que se Dedican al Cultivo de Ixtle.

La mayoría de los productores tienen en sus cultivos dos tipos de Ixtle que son el común y el chaparro tal como se muestra en la gráfica No.2. La razón por la cual deciden tener estos dos tipos especies que uno es más longevo y el otro es de rápido crecimiento. De esta manera aseguran una constante disponibilidad de ixtle.

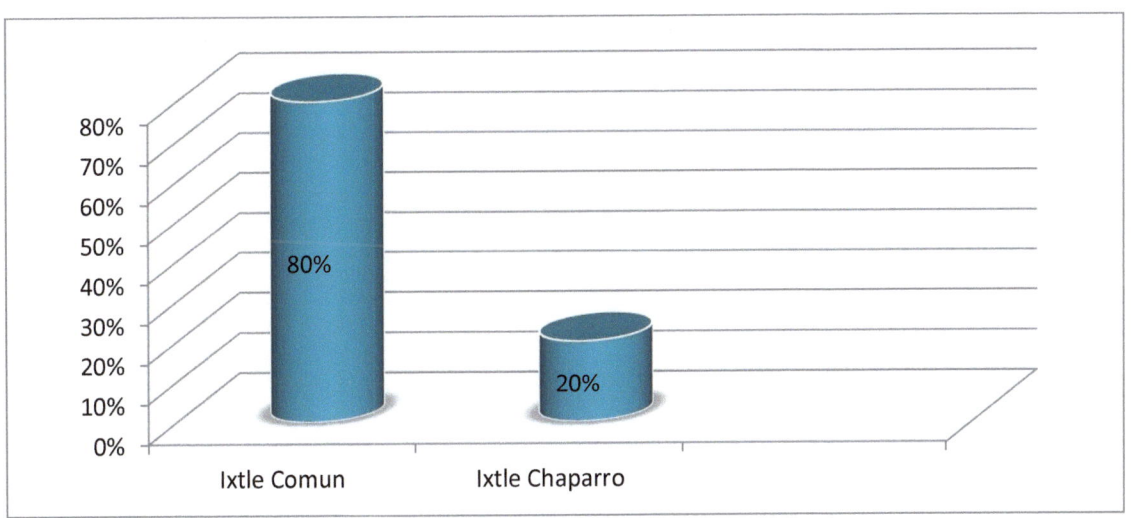

Graficas No. 2 Muestra el Porcentaje de Ixtle Cultivado de Acuerdo al Tipo de Planta.

3.6.4 Tipo de Cultivo

El tipo de cultivo reconocido en las comunidades de Tantoyuca es el cultivo "*ex situ*. El tamaño entre cultivos (ixtlares) se diferencia, de acuerdo a la cantidad de matas de ixtle que contiene cada hectárea, parcela o espacio donde cultivan el ixtle. Entre los cultivos pequeños se pueden encontrar desde 50 hasta 250 matas; en cambio en los cultivos grandes pueden encontrarse hasta más de 900 matas y de acuerdo con los tipos de ixtle reconocidos. Las asociaciones pueden se pueden calcificar en diferentes tipos:

➢ Cultivos pequeños: los podemos encontrar en los traspatios de las casas.

- Cultivos grandes: estos se encuentran en sus parcelas alejadas de sus casas, ahí los encontramos entre sus milpas o incluso entre pequeños matorrales (imagen No. 6 y 7).

Imagen No. 6 Ixtle Cultivado Entre Plantas de Maíz y Palmas.

Imagen No. 7 Ixtle Cultivado Entre los Matorrales.

3.6.5 Cuidados del Ixtle

Se identificaron tres tipos de cuidados a las plantas por parte de los productores los cuales consisten:

Deshierbe: los productores limpian los cultivos de hierbas, esta actividad se lleva a cabo cada tres meses. Los hijuelos que van creciendo en cada planta los extrae para volverlos a sembrar en un lugar más amplio, y con ello aseguran de que cada planta cuente con suficiente espacio para desarrollarse y proporcione hojas de gran calidad. No tienen época de sembrado, pero según los productores dicen que en los meses de septiembre, octubre es más recomendable sembrar ya que esto les garantiza una mayor vida a la planta.

Poda: al empezar a extraer las hojas se crea un tipo de poda, esto va haciendo que la planta tenga más vida, de no hacerlo sale la flor y la planta muere. Algunos productores tardan tres años para realizar el primer corte a partir de que trasplantan el hijuelo. Posteriormente a los tres años empiezan a extraer las hojas.

Control de plagas: existen dos tipos de plagas, una es la que se encuentra por dentro del tallo y la otra sobre las hojas (imagen No. 8), no existen plaguicidas especiales para el ixtle, algunos productores utilizan el plaguicida llamado FOLEY.

Imagen No. 8 Ixtle con Plaga.

3.6.6 Trazado y Plantación del Ixtle

Para el trazado de la plantación del ixtle ya sea en traspatio o tarea se debe de considerar un espacio un espacio de 2 metros entre planta y planta y de 3 metros entre surco y surco ya que esto nos permite movernos con facilidad entre las plantas.

La plantación se puede llevar a cabo durante cualquier estación del año, pero algunos productores piensan que las plantas sembradas en el mes de septiembre adquieren una mayor longevidad, y que sus fibras son más suaves y resistentes. Los hijuelos que le crecen a la planta son trasplantados regularmente entre los tres y seis meses después de su brote.

3.6.7 Extracción de la Fibra.

Con un cuchillo muy filoso se cortan las hojas desde la base de la planta ya que es ahí donde se encuentran más desarrolladas las hojas la imagen No. 9 muestra el procedimiento, esta técnica de cortar las hojas desde la base hace que los productores aprovechen al máximo el recurso ya que dan tiempo a que las hojas más pequeñas que crecen en la parte superior se desarrollen, los productores esperan un tiempo que va de los tres a cuatro meses entre corte y corte, con la finalidad de que las plantas cosechadas se regeneren y se puedan obtener hojas de mayor calidad.

Imagen No. 9 Productor Recolectando las Hojas del Ixtle.

La cantidad de hojas que se extraen depende del tamaño de cultivo y del tipo de volumen de la producción a realizar tomando en cuenta que una planta puede producir hasta 600 pencas en promedio, la tabla No. 10 muestra la cantidad de hojas (pencas) de acuerdo a la medida utilizada por los productores.

Tabla No. 6 Medidas Utilizadas Por los Productores.

Nombre de la Medida	Numero de Hojas Empleadas
Mano	4 hojas
Tercio	40 hojas
Carga	160 hojas

* Tabla Propia, Elaborada por las Medidas Utilizadas por los Productores.

Una vez cortadas las hojas se procede a obtener la fibra con una herramienta que es hecha con la creatividad de los productores. Con un instrumento (de hueso o madera) rayan las hojas (imagen No. 10) y después utilizan otra herramienta que consiste en un palo atravesado como base y sobre él se atan dos palos uno más grande que el otro, a este ellos en su dialecto lo conocen como jidab (imagen No. 11), por el cual se hacen pasar pequeñas partes de la hoja que van raspando; los productores han creado una técnica que facilita el raspado y extracción del zapupe la cual consiste en ir raspando la penca por la mitad del lado del tallo hasta juntar una carga (160 pencas), y posteriormente raspan la otra mitad juntando la pencas de 5 en 5 (figura No. 12) lo cual disminuye el tiempo de extracción, y de esa manera obtiene la fibra llamada zapupe.

Imagen No. 10 Muestra como Preparan las Hojas (Rajar) para la Extracción de la Fibra.

Imagen No. 11 Productor Raspando el Ixtle para Extraer la Fibra (Zapupe).

Imagen No. 12 Muestra un Conjunto de 5 Pencas Antes de Ser Raspadas.

El tiempo de secado del zapupe pude variar de acuerdo la temporada en la que se encuentre. Si es en tiempo de calor puede ser de 30min. A 1hr. Y en temporadas de lluvia se puede dejar reposar hasta un día. La figura No. 13 muestra una de las formas en cómo se deja secar el zapupe.

Imagen No. 13 Muestra una de las Formas en Cómo se Seca el Zapupe.

Las personas que poseen cultivos pequeños o que solo se dedican a la elaboración de las artesanías no tienen plantas para extraer las pencas debido a que estas se encuentran en regeneración por lo que adquieren la materia prima en otras comunidades y el precio varía de acuerdo a la cantidad de fibra, como se menciona en la Tabla No. 11.

Tabla No. 7 Precio de la Fibra de Acuerdo a la Medida Local.

Cantidad Hojas Raspadas de Fibra (Medida Local)	Precio
Tercio(40 hojas)	$50-65
Media Carga(80 hojas)	$100-125
Carga (160 hojas)	$200-250

En la gráfica No. 3 se muestra que el 60% compran la fibra ya procesada y el 30% utilizan sus propias plantas, mientras que el 10% compran las hojas para después procesarla.

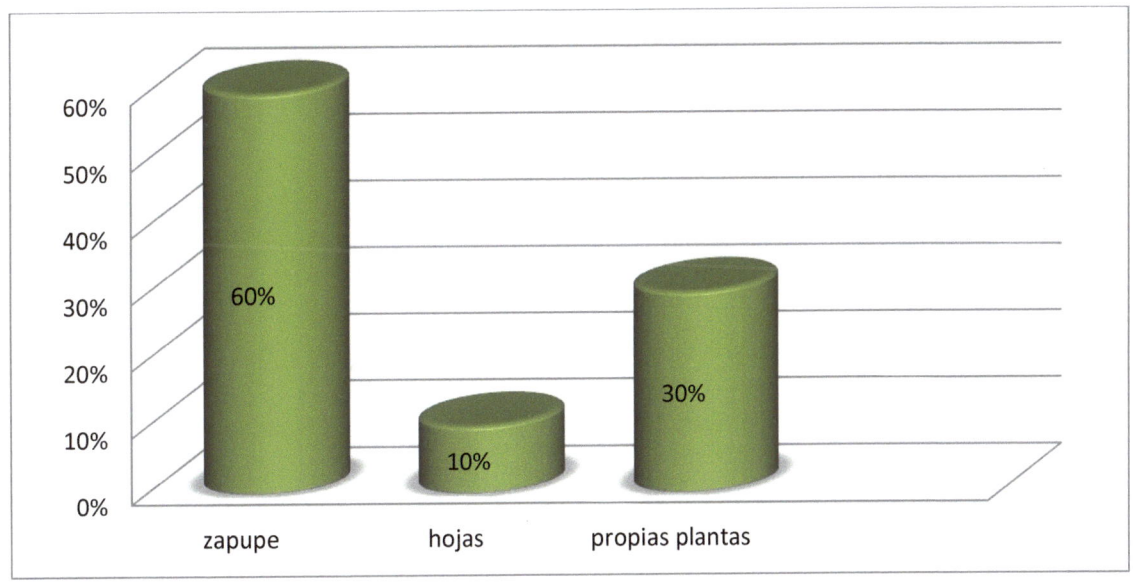

Grafica No. 3 Porcentaje de la Utilización de la Fibra, de las Hojas y de sus Propias Plantas.

3.6.8 Cadena de Suministro del Ixtle en el Municipio de Tantoyuca Veracruz

La cadena de suministro que se muestra en la tabla No. 12 se describe el proceso por el cual se desarrolla la producción de zapupe hasta su veta.

Tabla No. 8 Cadena de Suministro del Ixtle en el Municipio de Tantoyuca Veracruz.

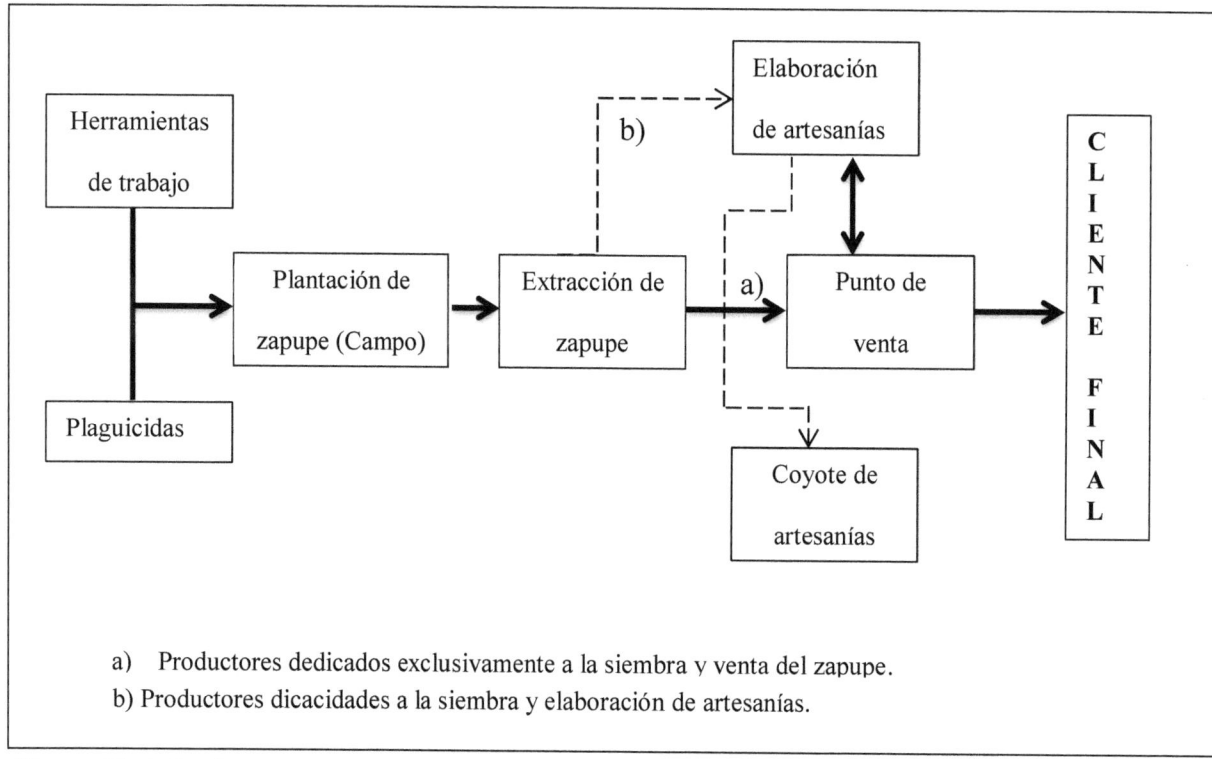

a) Productores dedicados exclusivamente a la siembra y venta del zapupe.
b) Productores dicacidades a la siembra y elaboración de artesanías.

*Fuente: Diseño Propio.

3.6.9 Primer Eslabón: Producción en las Parcelas

El eslabón de la producción en la parcela, está integrado por los productores que juegan un papel determinante de proveedores de la cadena productiva, al ser ellos los responsables el volumen de producción que atienda las necesidades del mercado, quienes con independencia del tamaño del productor (pequeño o grande) realizan las mismas prácticas de cultivo.

Las prácticas de cultivo que se realizan en la parcela el mantenimiento de la parcela, el corte y la manipulación de la penca. Las actividades de mantenimiento en la parcela se relaciona con el deshierbe y la aplicación de plaguicida.

Si bien es cierto que el ixtle no tiene como destino un mercado en común, independientemente del tipo de ixtle del que se trate ya sea para el autoconsumo o su venta, el corte y las condiciones de la penca juegan un papel importante para la conversión de calidad del producto. Una vez que se halla extraído la fibra esta tiene diferentes aplicaciones, si la penca cortada tiene una longitud mayor a 130 cm es utilizada para la elaboración de morrales y bolso; y menores a esa longitud pueden ser utilizados para la elaboración de reatas y escobetillas.

3.6.10 Modo de Transporte del Primer Eslabón

Independientemente del tipo de ixtle, el modo de transporte es a través de camionetas pasajeras para desplacerse de la comunidad donde se sembró y raspo el ixtle al punto de comercialización. A si mismo dadas las características del zapupe e interés de destino de comercialización, el zapupe es transportado por rollos que los comerciantes la distinguen y dividen por tercios, media carga y una carga.

3.6.11 Segundo Eslabón: el Artesano

El segundo eslabón de la cadena de suministro del zapupe está conformado por los artesanos que son los encargados de darle un valor agregado al producto de acuerdo al interés del mismo. Aun que son muchos los productos que se elaboran con el zapupe, el más común es el morral con "tapadera", también está el morral "entrefino" y el "fino". Debido a que esto tiene muy poca demanda han tenido que crear nuevos productos, para satisfacer sus necesidades.

En la gráfica No. 4 se refiere al porcentaje de zapupe utilizado por artesanía, para sacar el porcentaje se tomó en cuenta las pencas utilizadas semanalmente lo que equivale a una docena de cada producto.

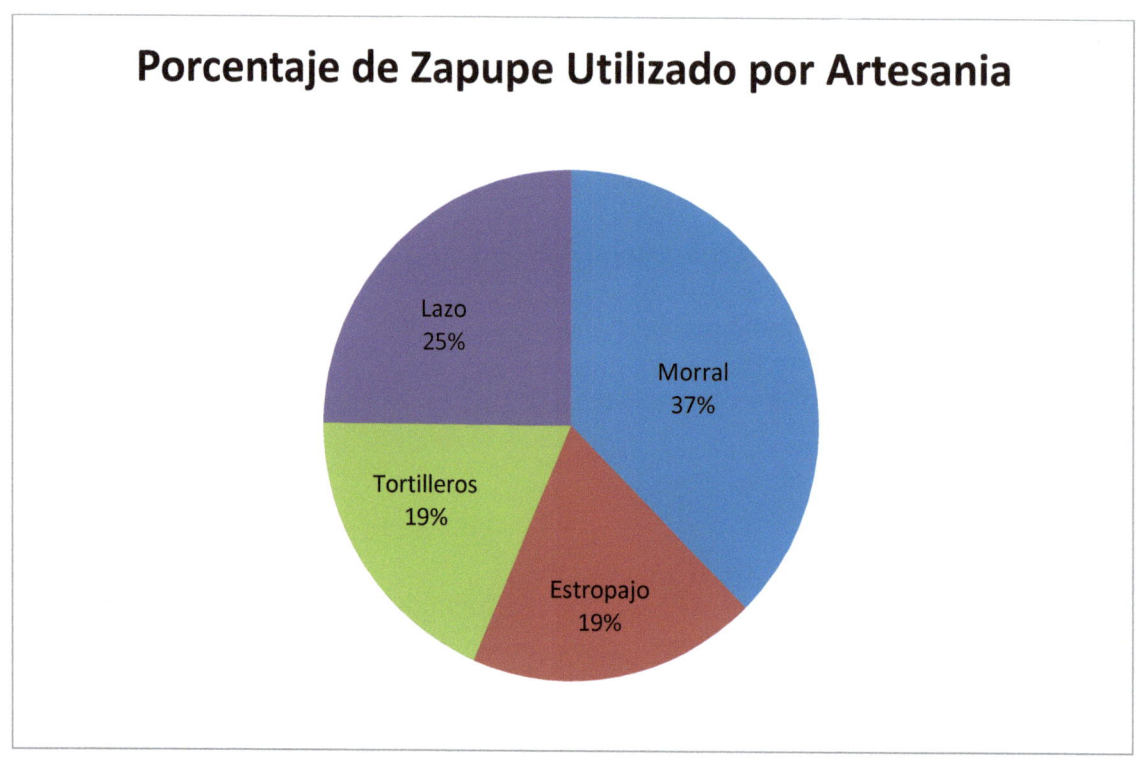

Graficas No. 4 Indica el Porcentaje de Zapupe Utilizado por Artesanía.

En esta tabla No.13 se determinar la cantidad de zapupe que se utiliza por año en la elaboración de cada tipo de artesanías de la cual se obtienen las gráficas No.5 y No.6. Tomando en cuenta que el artesano trabaja semanalmente una docena de diferente tipo de artesanía, pongamos un ejemplo para el morral se utilizan 80 pencas semanalmente, lo cual al año vendrá utilizando 4160 pecas es lo mismo que si se utilizara 26 cargas de zapupe convirtiéndolo a kilogramos se tendría un total de 156 kg. Anualmente de zapupe utilizado para la elaboración del morral.

Tabla No. 9 Se Muestra la Cantidad de Fibra que es Utilizada Anualmente para cada Tipo de Artesanía

Artesanía	Fibra(zapupe) Utilizada Semanalmente		Fibra(zapupe) Utilizado Anualmente	
	Pencas	Kilogramos	Pencas	Kilogramos
Morral	80 pencas	3 kg.	4160 pencas	156 kg.
Estropajos	40 pencas	1.5 kg.	2080 pencas	78 kg.
Tortilleros	40 pencas	1.5 kg.	2080 pencas	78 kg.
Lazos	53 pencas	1.9875 kg.	2756 pencas	103.35 kg.

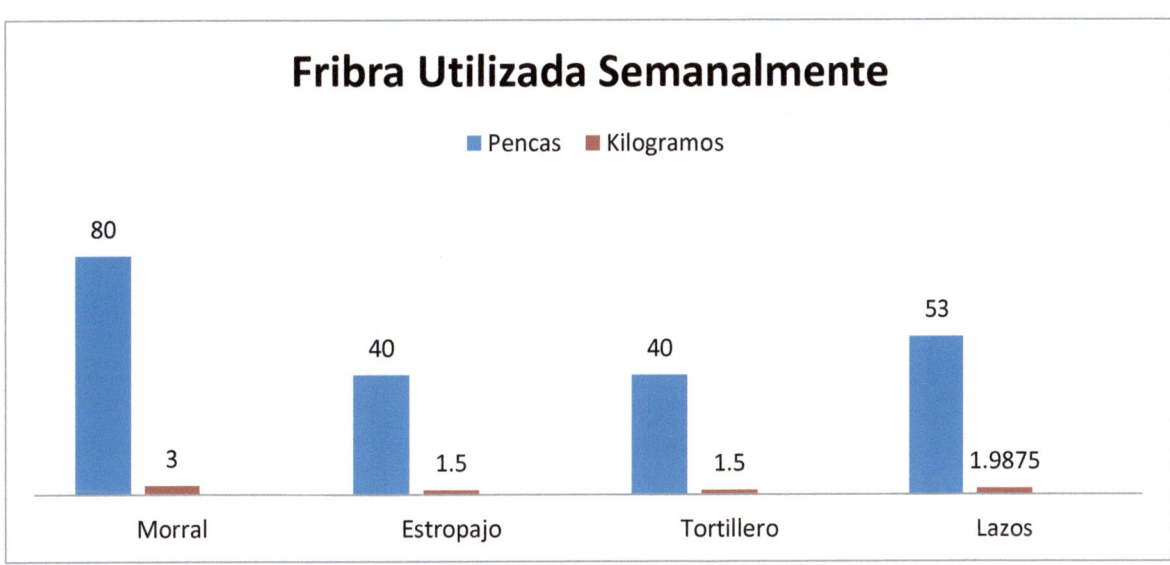

Graficas No. 5 Muestra la Cantidad de Fibra Utilizada Semanalmente

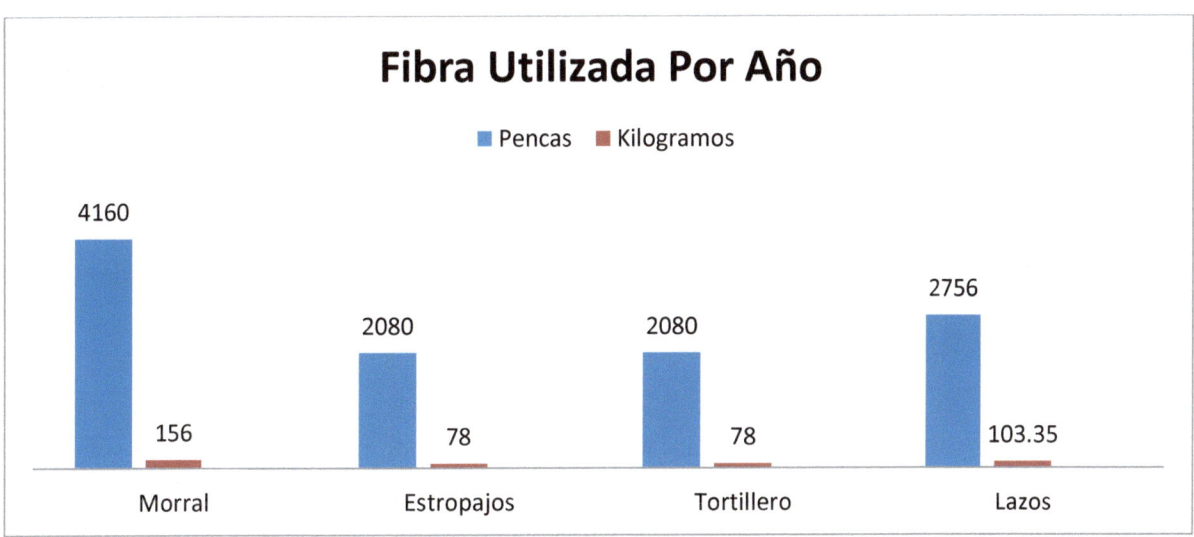

Graficas No. 6 Muestra la Cantidad de Fibra Utilizada por Año.

El sobrante de la fibra lo utilizan para hacer monturas, personas que se dedican a laborarlas pasan a las comunidades en determinado tiempo recogiendo los sobrantes y la producción está en función del tiempo que los artesanos emplean.

Capítulo 4. ANALISIS DE RESULTADOS Y CONCLUSIONES

Los productos del ixtle se han elaborado desde generaciones atrás, y tradicionalmente se han utilizado para el autoconsumo y para la venta. De acuerdo a los testimonios de la gente, en especial a las personas entrevistadas de mayor edad, dicen que sus padres cultivaban el ixtle en mayores cantidades de las que ahora se cultivan. Las causas por las cuales ha disminuido la producción son varias, algunos productores afirman que el cultivo de ixtle ha disminuido debido a que:

En su mayoría la gente cree que la principal causa de la disminución del cultivo es la falta de remuneración económica. Sin embargo, los productores no ven a las plantaciones de ixtle como una forma exclusiva de subsistencia, a través del tiempo se ha podido observar que existe gran cantidad de recursos como alimentos, medicinas, leña, materiales para la construcción de las casas, materia prima para la elaboración de artesanías, etc. Con esto se podría afirmar que las personan han utilizado y siguen utilizando una estrategia de uso múltiple de la naturaleza.

Algunos jóvenes ya no ven al cultivo del ixtle como algo rentable, por lo que deciden vender su fuerza de trabajo y salir de las comunidades ya sea a la cabecera municipal o a los estados del norte como Tamaulipas y monterrey. Por lo general son los jóvenes los que se van mientras que las mujeres, niños y personas de edad avanzada, se quedan, quienes para subsistir, siembran y elaboran productos de ixtle, o venden sus cosechas de diferentes cultivos.

El cultivo de ixtle es difícil, ya que la planta presenta alto grado de espinosidad, por lo que su cuidado y corte resulta delicado para los productores.

Los productores pequeños los cuales los encontramos en las congregaciones de Xilozuchil y Tametate tienen poco sembradío por que siembran de acuerdo a su consumo, por que según ellos si tienen sembradíos más grandes se les echa a perder la planta ya que no la utilizan luego y esta llega más rápido a su ciclo de vida, porque ellos la utilizan de acuerdo a su consumo y este es semanal o por docena, y es poco su producto que manufacturan ya que no hay mercado para el mismo. Es por ello que como tienen poca producción las plantas se le agotan y están en regeneración y recurren a comprar la fibra ya que se les hace más rentable.

CONCLUSIONES

Con el estudio de este proyecto se detectaron a tres congregaciones que se dedican a la producción del ixtle las cuales son la Laja, está en particular es la que más se dedica y cuenta con mayor producción, de ahí le siguen Xilozuchil y Tametate en estas dos encontramos los productores- artesanos, por que producen de acuerdo a su consumo, ellos no solo se dedican a la producción si no que llevan a la manufactura la fibra haciendo diversas artesanías.

De acuerdo al estudio de estas tres congregaciones en el Municipio de Tantoyuca contamos con un aproximado de productores, los que se dividen en pequeños, donde cada uno está generando entre 112.5 a 562.5kg.de fibra (zapupe) Por año y los grandes están obteniendo una producción de 3712.5kg. Por año.

Se reconocieron tres tipos de ixtle los cuales son identificados por los productores como ixtle chaparro, ixtle común el cual es el más utilizado por que tiene mejor calidad y es más manejable en cualquier época de año, y el henequén este último solo algunos productores lo manejan. La planta no necesita cuidados específicos solo se trasplantan los hijuelos que van brotando para que tengan mejor desarrollo y así obtener fibra de mayor calidad, se va limpiando y posteriormente a los cuatro años se comienza con la poda.

Se llegó a la conclusión que es más factible comprar la fibra ya que los productores pequeños lo hacen porque no cuentan con la suficiente producción para abastecerse y esto les ahorra tiempo, fuerza laboral y lo que invierte se les remunera y están ganado prácticamente casi lo doble de lo que invierten.

Aclarando que también su producción es constante ya que no hay suficiente mercado, lo cual impide que los artesanos incrementen la elaboración de artesanías, por lo que la producción de zapupe actual abastece parcialmente la producción de artesanías; Contando también que las herramientas y técnicas no son suficientes para agilizar su producción. Si se implementara maquinaria la cual facilitara su producción y se abriera nuevo mercado, los productores y artesanos del ixtle ya no verían como una forma secundaria esta planta y se darían cuenta de que sería una forma de subsistencia muy conveniente.

Capítulo 5. REFERENCIAS BIBLIOGRÁFICAS

Bibliografía

Casas, A., & Caballero, J. (1995). *Domesticaciòn de Plantas y Origen de la Agricultura en Mesoamèrica.* Obtenido de http://www.ejournal.unam.mx/cns/no40/CNS04005.pdf

Colunga, P., Garcia, M., Saavedra Larque, A., E.Eguiarte, L., & Zizumbo, D. (Agosto de 2007). *En lo ancestral hay futuro - Instituto Nacional de Ecología.* Obtenido de En lo ancestral hay futuro - Instituto Nacional de Ecología: http://www.inecc.gob.mx/descargas/publicaciones/537.pdf

GENTRY, H. (1982). *Agaves of continental North America.* Arizona, Estados Unidos : University of Arizona.

Kenett, R. S., & Zancks, S. (2000). Estadistìca Industrial Moderna. Mèxico: Thomson.

Manual de Entrevista por competencias SNEGRO. (2008). Obtenido de Manual de Entrevista por competencias SNEGRO: http://snetel.empleo.gob.mx/acercade/Practicas/Manual_GRO.pdf

Ostos, P. H. (2010). *3° Aniversario de Tantoyuca*. Obtenido de Geografía del Municipio de Tantoyuca: http://tantoyuca-ver.blogspot.mx/2010/10/geografia-del-municipio-de-tantoyuca.html

OSTOS, P. H. (2010). *GEOGRAFÍA DEL MUNICIPIO DE TANTOYUCA VER. 2010*. Obtenido de http://tantoyuca-ver.blogspot.mx/2010/10/geografia-del-municipio-de-tantoyuca.html

SAGARPA. (2014). *ZAPUPE-SIAP*. Obtenido de http://www.siap.gob.mx/zapupe/

Tantoyuca, G. M. (2011). *Geografia del Municipio de Tantoyuca*. Obtenido de http://tantoyucaveracruz.gob.mx/contenido/geografia.html

Ticktin, T. (2000). *La Historia del Ixtle en Mexico*. Obtenido de http://www.piteadofino.com/la%20historia%20del%20ixtle%20en%20mexico%20condensado.pdf

Toledo, V. M. (1991). El Juego de la Supervivencia. Un Manual para la Investigación Etnoecologica en Latinoamerica. California: Consorcio Latinoamericano sobre Agroecología y Desarrollo.

Toledo, V. M., & Barrera-Bassols, N. (2008). LA MEMORIA BIOCULTURAL: La Importancia Ecológica de las Sabidurías Tradicionales. Barcelona: Icara.

Capítulo 6. Anexos

Anexo 1

6.1 Entrevista

1.- ¿Cuántas plantas de ixtle conoce?

2.- ¿En que se basa para diferenciar todos los tipos de ixtle que conoce?

3.- Durante su crecimiento ¿les procura algún cuidado? (riego, abono, deshierbe, etc.).

4.- ¿Cuántos años tiene que esperar antes de empezar a extraer hojas que sean aptas para la obtención de fibra?

5.- ¿Cuantos años aproximadamente viven las plantas de ixtle utilizadas?

6.- ¿Cada cuando cosecha las hojas de ixtle?

7.- Aproximadamente ¿Cuántas hojas extrae en cada ocasión que va a cosechar?

8.- ¿Cuenta con suficientes plantas de ixtle en su parcela para extraer la fibra o tiene que conseguirla a través de otras personas?

9.- En caso negativo ¿Cómo obtiene la fibra que necesita? (de quien, cantidad, precio, etc.)

12.- ¿Cuántas plantas siembra en una hectárea de tierra?

10.- ¿Cómo procesa la hoja para obtener la fibra? (técnica, herramientas, etc.)

11.- ¿En qué épocas del año tiene más venta del producto?

Anexo 2

6.2 Cronograma de Actividades

Se adjunta el siguiente cronograma de actividades para lograr culminar en tiempo y forma la redacción de la investigación..

actividad	sem 1							sem 2							sem 3							sem 4						
	1	2	3	4	5	6	7	1	2	3	4	5	6	7	1	2	3	4	5	6	7	1	2	3	4	5	6	7
selección y estructuracion del proyecto	■	■	■	■	■	■																						
registro del proyecto en area de investigacion								■																				
establecimiento de la investigacion										■	■	■																
toma de datos y/o seguimiento del procesos															■	■	■											
analisis de datos y/o procesos																			■	■								
redaccion de la tesis																					■	■	■	■				

Firma de División de Estudios de Ingeniería Industrial

Firma del Jefe de División

www.ingramcontent.com/pod-product-compliance
Lightning Source LLC
Chambersburg PA
CBHW051045180526
45172CB00002B/525